坤益好時光理念為動物關懷，尊重及珍愛他（她）們的生命，提倡領養、收養、照護與一生陪伴，希望大家能有正確與正向的觀念及行為對待我們生活周遭的狗狗及貓咪們！

<推薦序>

小朋友問：你喜歡毛星人嗎？？

我回答：我很喜歡！！

我是一個毛星人醫師，叫做鍾昇樺！
每天都在替生病的毛星人看病，因為我很喜歡他們，所以我努力學習怎麼照顧他們、治療他們，也希望他們都能夠健康與開心！

在人類的生活中，隨著科技與文明不斷的發展，犬貓的生活環境已經是百分之百的與我們人類重疊。人類擁有絕對性的優勢使得犬貓的生活環境必須或者是無奈地與人類生活重疊，或許我們人類可能會不喜歡他們、害怕他們，但我們都應該學著如何善待他們。身為獸醫師的我、身為人類的我，認為這是人類的責任。

然而，非常可惜的是，在我的成長過程中，並沒有辦法學習到如何與犬貓相處，這裡的相處並不是指將他們帶回家養而已，而是包括如何面對流浪的街犬貓，身為人類的我，對於這一切，都是一直到成為成人之後才有所了解。

讓小朋友們從小學習了解、熟悉他們，那麼對於人類最好的朋友：犬與貓，其生活狀態的改善有巨大的幫助，也有助於台灣整體社會對於動物福利的發展。非常高興地“坤益好時光”能夠以繪本的形式，直接且明白地說明如何與犬貓相處。我誠摯推薦各位家長，一起與家中的孩子們一起閱讀繪本。

學會如何善待動物的小朋友，一定能夠從中學習如何善待其他人，對於人格養成有很大的助益。各位家長！一起來與家中小朋友學習如何與毛星人生活吧！

善待動物的社會，一定是充滿愛的強大社會！

杜瑪動物醫院院長　鍾昇樺

  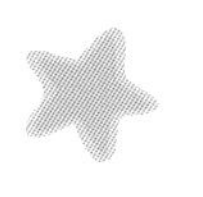  

< 序 >

不論您是否有飼養狗狗、貓咪，這本繪本很值得您和您的大小朋友分享，狗狗、貓咪很單純可愛，雖然牠需要我們像照顧小孩般的被照顧，但牠會用牠的一輩子陪伴您、愛您！無時無刻分享您的心情！

祈望我們大家一起關懷、尊重、珍愛牠們的生命，能用正確與正向的觀念及行為對待生活周遭的狗狗、貓咪們！更誠心祈望能有更多人能領養、收養、照護，並陪伴牠們一輩子！

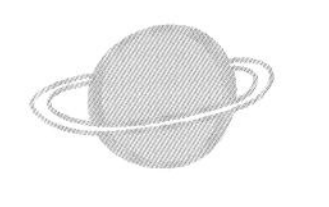    

狗狗貓咪在生活空間上的需求，其實和我們一樣，需要舒適自在安全的生活空間，無關乎大小。牠們在意的是能和您在一起的時間，和您一起玩遊戲的時間，和您一起散步的時間。

狗狗喜歡外出走走聞聞，在散步的時候解決大小便，貓咪的大小便則需您在家裡準備貓砂盆，我們要做好清理工作，維護環境清潔與衛生。

狗狗貓咪外出，請您務必幫牠們穿上胸背或項圈，並繫上牽繩，才能確保安全。

狗狗貓咪要施打疫苗、定時定量投預防藥，有關牠們的健康、飲食等等問題，可直接請教獸醫師。我們也要請獸醫師幫牠們植晶片並登記，就像我們每個人都有身分證一樣。

狗狗貓咪是以肉為主食，新鮮無調味料的肉品、含蛋白質的飼料，充足的開水，都是我們可提供給牠們的食物。而對牠們有害的食物，包括葡萄、櫻桃、巧克力、洋蔥等，我們一定要避開。

坤益好時光

毛星人很單純可愛。

當你真誠友善的善待牠們，了解牠們，
牠們會脫下自我的保護頭盔，對你釋出善意。

請友善地與毛星人相處，
牠們會帶給你生活更加豐富與開心。

舒適自在的生活空間。

汪星人需要舒適自在的生活空間， 家裡物品要收好， 避免牠們觸碰與誤食。

充滿好奇心的汪星人。

汪星人好奇外面世界，喜歡向窗外看，要注意門窗是否安全，避免發生危險。鼓勵天天帶汪星人出外走走看看聞聞，可以讓牠們心情更開心。

好躲好爬的生活空間。

喵星人需要舒適的生活空間，垂直可以攀爬的空間，隱蔽可以躲藏的空間，物品要收好，避免牠們觸碰與誤食。

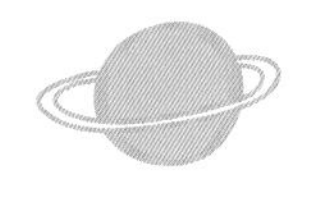

高處攀爬生活空間。

利用書架、層櫃、層板營造適合貓星人攀爬的跳台與走道，滿足貓星人攀爬的需求，也可以在窗邊設置一處層板空間，滿足喵星人對外面環境的好奇，但是要注意門窗是否安全，避免發生危險。

好奇心的喵星人。

喵星人常好奇玩弄家中小物， 但會引發危險的物品必須收起來， 例如： 圖釘、 窗簾拉繩、 棉線、 牙線、 橡皮筋、 迴紋針… 等。

圖釘

窗簾拉繩

棉ㄇㄧㄢˊ線ㄒㄧㄢˋ

牙ㄧㄚˊ線ㄒㄧㄢˋ

橡ㄒㄧㄤˋ皮ㄆㄧˊ筋ㄐㄧㄣ

迴ㄏㄨㄟˊ紋ㄨㄣˊ針ㄓㄣ

外出散步，使用牽繩牽毛星人，避免發生危險。

外出散步隨身攜帶水罐，可以用來沖洗毛星人的尿尿，維護環境衛生與乾淨。

外出散步隨身攜帶袋子，可以用來清理毛星人的便便，維護環境衛生與乾淨。

與汪星人玩遊戲。

汪星人都很喜歡玩遊戲，透過遊戲互動可以增進與主人之間信賴感與感情，同時也能讓汪星人心情開心。

與汪星人梳毛。

經常幫汪星人梳毛，減少毛髮打結，幫助皮膚透氣外，手部輕摸加上輕柔說話語氣，有助於牠們放鬆，增進彼此感情。

與喵星人玩遊戲。

喵星人都很喜歡玩遊戲，逗貓棒時而停止時而揮動，讓牠們有抓取的機會，提高牠們玩耍的興致。

與喵星人梳毛。

經常幫喵星人梳毛，減少毛髮打結，幫助皮膚透氣外，手部輕摸加上輕柔說話語氣，有助於牠們放鬆，增進彼此感情。

毛星人十萬種為什麼。

有關毛星人的飲食、 健康… 等問題， 要詢問專業有證照獸醫師， 不要聽信網路謠言或偏方， 避免發生不必要危險或傷害。

毛星人脖子後方專屬自己的晶片號碼ID。

可以到鄰近獸醫院， 幫助毛星人們找到一組專屬於牠們的晶片號碼ID， 假如牠們走丟遺失， 可以透過晶片號碼ID協尋。

ID 123456789A
ID 123456789123456

定期健康檢查。

毛星人們需要定期到獸醫院做健康檢查，施打疫苗，保持健康。

定期定量替毛星人投預防藥。

詢問獸醫師如何幫助毛星人預防外來蟲蟲入侵，定期定量投藥，保持毛星人良好健康與衛生。

跳蚤
壁蝨
耳疥蟲
蛔蟲
心絲蟲

汪星人的美食。

- 肉品： 新鮮沒有調味料並且煮熟的肉。
- 飼料。
- 罐頭和零食。

肉ㄖㄡˋ品ㄆㄧㄣˇ

飼ㄙˋ料ㄌㄧㄠˋ

罐ㄍㄨㄢˋ頭ㄊㄡˊ/零ㄌㄧㄥˊ食ㄕˊ

汪星人該避免的食物

- 骨頭/魚刺： 會刺傷牠們的口腔、 食道、 腸胃。

常見的汪星人毒物

- 葡萄 。 (葡萄乾也是葡萄做成的)
- 櫻桃。
- 巧克力。
- 洋蔥 。

骨頭/魚刺

櫻桃

洋蔥

巧克力

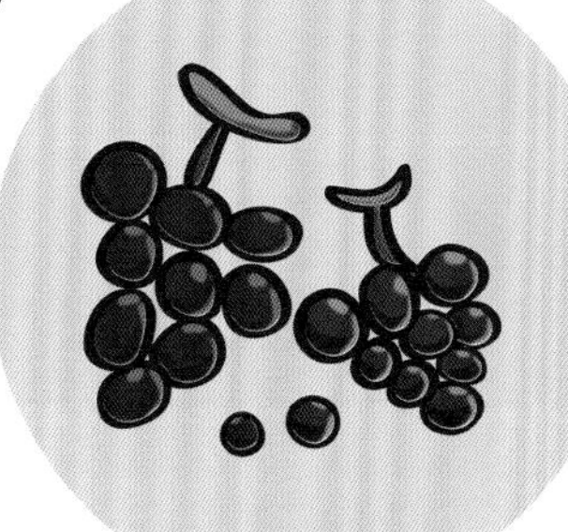

葡萄

喵星人的美食。

- 肉品：新鮮沒有調味料並且煮熟的肉，無刺的魚肉。
- 飼料。
- 罐頭和零食。

肉品

飼料

罐頭/零食

喵星人該避免的食物

- 骨頭/魚刺：會刺傷牠們的口腔、食道、腸胃。

常見的喵星人毒物

- 葡萄。(葡萄乾也是葡萄做成的)
- 櫻桃。
- 巧克力。
- 洋蔥。

骨頭/魚刺

櫻桃

洋蔥

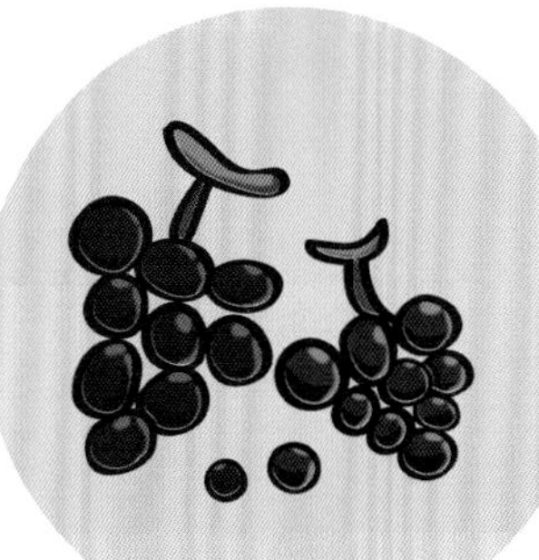

葡萄

巧克力

坤益好時光 - 毛星人　不可不知生活事

出版者　坤益開發顧問有限公司
發行人　坤益開發顧問有限公司
執行編輯　坤益開發顧問有限公司
地址　300 新竹市民權路86巷15號2F
電話　03-5338702
網址　https://www.queen-i.com.tw
設計美編　坤益開發顧問有限公司
版次　初版
初版日期　2019 年 06月

代理商　白象文化事業有限公司
地址　401 台中市東區和平街228巷44號
代理商電話　04-22608589

ISBN 978-986-97584-0-6　定價　新台幣330元